INFLUENCE DE LA LUMIÈRE BLANCHE

ET DE SES RAYONS CONSTITUANTS

SUR LE DÉVELOPPEMENT ET LES PROPRIÉTÉS

DU

BACILLUS ANTHRACIS

PAR

M. S. ARLOING

LYON

IMPRIMERIE PITRAT AINÉ

4, RUE GENTIL, 4

1886

INFLUENCE DE LA LUMIÈRE BLANCHE

ET DE SES RAYONS CONSTITUANTS

SUR LE DÉVELOPPEMENT ET LES PROPRIÉTÉS

DU

BACILLUS ANTHRACIS

Présenté à la Société d'Agriculture, Histoire naturelle et Arts utiles de Lyon
dans sa séance du 5 novembre 1885

INFLUENCE DE LA LUMIÈRE BLANCHE

ET DE SES RAYONS CONSTITUANTS

SUR LE DÉVELOPPEMENT ET LES PROPRIÉTÉS

DU

BACILLUS ANTHRACIS

PAR

M. S. ARLOING

LYON

IMPRIMERIE PITRAT AINÉ

4, RUE GENTIL, 4

1886

INFLUENCE DE LA LUMIÈRE BLANCHE

ET DE SES RAYONS CONSTITUANTS

SUR LE DÉVELOPPEMENT ET LES PROPRIÉTÉS

DU

BACILLUS ANTHRACIS

PAR

M. S. ARLOING

INTRODUCTION

L'attention est dirigée aujourd'hui sur les modifications que les germes infectieux peuvent éprouver de la part des milieux où on les oblige à vivre.

L'expérience a démontré que les microorganismes patho-gènes sont très sensibles à l'action des milieux ambiants. La preuve est faite que quelques-uns sont assez profondément modifiés par un changement apporté dans les conditions extérieures pour être inoculés ensuite presque sans danger.

Dans cette voie, on a beaucoup étudié l'influence de la com-position du milieu organique vivant ou artificiel dans lequel on cultive les microbes, celle de la température et de la pres-sion auxquelles on soumet les cultures ; j'en dirai autant de l'influence du vide ou de la composition de l'atmosphère qui règne dans les vases à éducation.

Mais, à notre connaissance, on ne paraissait pas s'être préoccupé de l'influence de la lumière blanche ou des rayons colorés (1).

Pourtant, la lumière est un puissant modificateur des êtres vivants. Dans ses rapports avec les végétaux élevés et les animaux vertébrés, elle a donné lieu à des travaux intéressants. Si l'on parvenait à démontrer qu'elle influe sur les propriétés des microbes pathogènes, la biologie de ces organismes achèverait de se ranger sous les lois communes. Dès lors, la physiologie des agents infectieux apparaîtrait débarrassée de ce voile mystérieux sous les plis duquel elle s'est trop longtemps dissimulée.

Il nous semblait donc utile de nous efforcer à combler cette lacune. Nous avons dirigé nos tentatives sur le *Bacillus anthracis* dont nous suivions le développement et les propriétés depuis plusieurs années, soit en l'étudiant pour notre instruction, soit en assistant aux travaux de notre maître, M. Chauveau.

Les premiers résultats que nous avons obtenus à l'aide de la lumière du gaz n'ont pas répondu à toutes nos espérances. Mais plus tard, lorsque nous avons pu employer les radiations solaires, les effets que nous attendions se sont produits avec une grande netteté.

Les pages suivantes sont consacrées à leur description et à une revue historique sommaire des connaissances que nous possédions sur la lumière dans ses rapports avec les organismes inférieurs.

----

(1) Jusqu'au 9 février 1885, époque à laquelle a paru notre première note sur ce sujet dans les *Comptes rendus de l'Académie des sciences*.

CHAPITRE PREMIER

REVUE HISTORIQUE

La science est en possesion d'un certain nombre de documents qui confinent à la question que nous étudions. Résumons-les brièvement.

E. Strasburger *(Wirkung des Lichtes und der Wärme auf Schwärmsporen,* Iéna, 1878) a montré que la lumière, abstraction faite de tout effet thermique, exerce de l'influence sur les mouvements de beaucoup d'organismes simples.

Th. W. Engelmann (Sur la perception de la lumière et de la couleur chez les organismes les plus inférieurs, *in Archives néerlandaises des sciences exactes et naturelles,* 5ᵉ livraison, 1882), a constaté que l'influence de la lumière peut s'exercer de trois manières sur les mouvements des *Navicula, Paramecium bursaria, Englena viridis :*

« 1° Directement, par une modification des échanges gazeux, sans intervention appréciable de quelque sensation ;

« 2° Par la modification de la sensation du besoin respiratoire, à la suite d'une modification des échanges gazeux ;

« 3° Par l'intermédiaire d'un processus spécifique probablement correspondant à notre perception lumineuse. »

La manière dont ces processus dépendent de la nature et de

l'intensité de la lumière, ainsi que des autres circonstances extérieures, est différente pour chacun d'eux. Par suite, les réactions produites sous l'influence de conditions diverses peuvent différer notablement : Agitation violente et repos complet, photophobie et photophilie, mouvement progressif en ligne droite et rotation sans translation, changement de forme sans changement de place et phénomène inverse, tout cela s'observe, comme effet de la même lumière sur le même individu dans des circonstances différentes.

Cet auteur (Couleur et assimilation, *in Archives néerlandaises des sciences exactes et naturelles*, 1re livraison, 1883.) reprenant les assertions de Pringsheim sur le rôle de la chlorophylle dans le phénomène de la décomposition de l'acide carbonique, fut conduit indirectement à observer l'influence de la lumière sur les bactéries.

Engelmann employa comme réactif les bactéries de la putréfaction. Il s'aperçut qu'en fournissant de l'oxygène à ces microorganismes, on éveille chez eux des mouvements de progression, d'autant plus rapides qu'on met à leur disposition une plus grande quantité de ce gaz.

Par exemple, si l'on enferme dans une préparation microscopique des cellules végétales colorées et des bactéries, celles-ci se meuvent aussitôt que l'on fait tomber un pinceau de lumière sur les cellules végétales. Preuve que, sous l'influence de l'éclairage, les cellules colorées décomposent l'acide carbonique, fixent le carbone et dégagent de l'oxygène. Les rayons extrêmes, ultra-rouges et ultra-violets, restent sans action ; le dégagement atteint son maximum dans les rayons rouges.

S'il ressort nettement de ce travail que toute cellule colorée dégage de l'oxygène, il ne s'en suit pas que les bactéries soient sensibles à l'action exclusive de la lumière. Engelmann lui-même rappelle d'abord, à l'Académie royale des sciences d'Amsterdam (29 octobre 1881), que rien n'avait démontré, dans ses expériences sur le dégagement de l'oxygène par les cellules colorées, que la lumière exerçât une influence sur les mouvements des bactéries de la putréfaction, les vibrions et les spirilles. Dans un cas où les spirilles avaient paru se mouvoir en l'absence de cellules colorées, l'auteur s'est convaincu que la préparation renfermait une bactérie qu'il a nommé *Bacterium chlorinum* et dont le contenu verdâtre décomposait l'acide carbonique et émettait de l'oxygène.

Aussi affirme-t-il à la même époque qu'il n'existe pas d'influence directe de la lumière sur les mouvements des bactéries.

(In Neue Methode zur Untersuchung der Sauerstoffausscheidung pflänzlicher und thierischer Organismen; *Archives de Pflüger*, 1881, p. 285.)

Plus tard (25 mars 1882) M. Engelmann signale à l'Académie un *bacterium* dont la rapidité des mouvements dépend exclusivement de l'influence exercée par la lumière. Ce *Bacterium photometricum* se meut d'autant plus rapidement que l'intensité lumineuse est plus grande. Le maximum s'observe dans l'ultra-rouge et l'orangé de la lumière du soleil et du gaz. L'action prolongée d'une lumière intense fait entrer la bactérie en repos. Tout changement dans l'intensité et la couleur ranime les mouvements. La direction de ces mouvements est modifiée par une diminution subite de l'intensité ou de la qualité de la lumière.

M. Engelmann n'a pu démontrer dans cette étude l'existence d'un dégagement d'oxygène. Et, comme l'absorption des rayons calorifiques de l'ultra-rouge n'a aucune influence sur le déplacement de ces bactéries, il faut bien en conclure que la lumière agit sur la nutrition de certaines d'entre elles et produit des phénomènes réducteurs comparables à l'assimilation.

(Puisé dans la *Revue internationale des sciences biologiques*, 1882.)

La lumière blanche agit encore sur la végétation des Mucorinées. M. Van Tieghem a observé que la lumière exerce une influence accélératrice sur le développement du *Penicillium glaucum.*

En forçant ce champignon à végéter dans des flacons pleins d'huile, on constate que le mycélium croît en s'élevant le long de la paroi éclairée, contre laquelle il s'applique étroitement. Si le penicillium est semé sur des fragments de terre cuite imbibés d'eau, immergés ensuite dans l'huile, on remarque que c'est seulement sur les faces éclairées des fragments que le mycélium forme un tapis serré; il ne se développe pas ou se développe à peine sur les faces qui se trouvent dans l'obscurité.

(Voyez : Action de la lumière sur la végétation du *Penicillium glaucum* dans l'huile, par M. Van Tieghem, *in Bulletin de la Société botanique de France*, séance du 10 juin 1881.)

Les Schizomycètes ou Schizophytes sembleraient se comporter à la manière du *Penicillium,* car Zopf a remarqué que le *Beggiatoa rosea persicina* se développe mieux du côté d'où vient la lumière que du côté opposé (Die Spaltpilze, *in Encyklopædie der Naturwissenschaften*, erste Abtheilung, 3ᵉ Lieferung, 1883).

Voici maintenant des travaux qui se rattachent plus directement à l'étude que nous avons entreprise.

MM. Arthur Downes et P. Blunt se sont demandé si la lumière est favorable ou défavorable au développement des bactéries. (Voyez *Researches on the Effect of Light upon Bacteria and other organisms; in Proceedings of the Royal Society*, décembre 1877.)

En se servant des bactéries ordinaires de la putréfaction et du liquide de M. Pasteur, ils auraient observé :

1° Que la lumière retarde ou empêche le développement des bactéries et des champignons microscopiques ;

2° Que cette influence est moins rapide sur les champignons que sur les bactéries ;

3° Que l'action retardante appartient à la lumière diffuse ordinaire, mais surtout aux rayons actiniques du spectre solaire ;

4° Que l'aptitude d'un liquide à servir de milieu de culture n'est pas diminuée par l'exposition au soleil ; tandis que les germes présents dans ce liquide peuvent être entièrement détruits par la seule action de la lumière ;

5° Enfin qu'un fluide putrescible peut être préservé par la seule et même influence ;

6° Toutefois que l'action retardante de la lumière serait supprimée par le vide.

Malheureusement, nous voyons tous les jours des phénomènes de putréfaction s'établir en pleine lumière et se poursuivre à l'abri de l'air. Par conséquent, une grande variété dans le *modus faciendi* a dû produire les résultats contradictoires contenus dans la note de MM. Downes et Blunt. Si les conditions des expériences eussent été identiques, on n'aurait pas vu la lumière agir d'une manière aussi variée sur le développement des germes.

Tout récemment (*Comptes rendus de l'Académie des sciences*, 12 janvier 1885) M. Duclaux s'est occupé de l'influence de la lumière du soleil sur la vitalité des germes de certains microbes.

Ses études ont porté sur le *Tyrothrix scaber*, agent destructeur de la matière albuminoïde, que l'on peut faire vivre dans le bouillon Liebig et dans le lait. En faisant sécher une goutte de culture de ce microbe, prise au moment de la formation des spores, dans des matras que l'on exposait à la lumière du soleil ou à la lumière diffuse dans une étuve convenablement chauffée, M. Duclaux a constaté que les germes desséchés à la lumière diffuse étaient capables de végéter au bout de trois ans, tandis qu'après un laps de temps variant de quinze jours à deux mois, les germes exposés au soleil étaient plus ou moins stérilisés. La lumière du soleil serait donc un agent hygiénique d'une grande puissance.

Les expériences de M. Duclaux diffèrent de celles de MM. Downes et Blunt en ce qu'elles ont été faites sur les germes d'un microbe défini, au lieu de porter sur des espèces multiples et à différents états d'évolution. Mais elles ne sont pas plus concluantes au point de vue de l'atténuation pratique des virus.

Quant aux ferments proprement dits, il semble, d'après M. Schutzenberger, que leur action soit plus lente à l'obscurité.

Comme on le voit, toutes les recherches que nous venons d'analyser ont eu pour but un problème de science pure ou un problème d'hygiène publique ; aucune ne s'applique aux microbes pathogènes (1). Lorsqu'elles ont porté sur des ferments comparables, jusqu'à un certain point, aux microbes virulents, on s'est proposé de connaître la persistance de leur vitalité plutôt que les changements survenus dans les manifestations de leur activité.

L'intérêt de nos expériences découlera donc de ces deux conditions, savoir : 1° qu'elles ont porté sur un microorganisme virulent nettement déterminé ; 2° qu'elles ont fait marcher de pair l'étude des modifications morphologiques et végétatives du *Bacillus anthracis* et celle des changements survenus dans ses propriétés pathogènes.

---

(1) Pendant que nous nous occupions du *Bacillus anthracis*, M. Duclaux a étendu ses premiers travaux à quelques microcoques pathogènes. Le résumé de nos expériences parut huit jours après le sien dans les *Comptes rendus de l'Académie des sciences* (juillet 1885).

CHAPITRE II

EXPÉRIENCES FAITES AVEC LE BACILLUS ANTHRACIS

Nous nous proposions, avons-nous dit, de rechercher l'influence comparée de la lumière blanche et de ses divers rayons constituants sur le développement et l'activité pathogène du *Bacillus anthracis*. Les expériences ont été poursuivies avec la lumière artificielle, puis avec la lumière du soleil.

ARTICLE Ier. — INFLUENCE DE LA LUMIÈRE DU GAZ

Cette étude dut être faite à l'abri de la lumière du jour, dans un laboratoire obscur.

Les sources lumineuses étaient de forts becs de gaz à double courant d'air que nous disposions de la manière suivante : Le tube de tirage était entouré d'une gaine métallique percée d'un trou circulaire de 2 centimètres et demi de diamètre, à la hauteur de la partie la plus éclatante de la flamme. Celle-ci était amenée au foyer principal d'une lentille biconvexe de trois dioptries environ fournissant, au delà, un faisceau lumineux à rayons parallèles dans lequel on exposait les cultures.

Pour obtenir les rayons colorés, nous avons renoncé à l'usage du prisme, à cause de la faible intensité de nos sources lumineuses. Nous avons renoncé de même à l'interposition des verres colorés, parce que la plupart de ceux que l'on trouve dans le commerce ménagent de grandes surprises, ainsi que l'on peut s'en convaincre au spectroscope. A part les verres rouges, tous les échantillons qui nous ont été présentés laissaient passer plus ou moins tous les rayons du spectre.

Force était donc de nous rabattre sur les écrans colorés liquides. Outre les matières colorantes dont l'usage est classique, nous avons cherché dans l'arsenal de la teinture lyonnaise des couleurs qui ne laisseraient passer que l'un ou l'autre des rayons du spectre. Les résultats n'ont pas été très heureux. Aussi avons-nous limité le champ de nos expériences à la comparaison de l'obscurité avec la lumière blanche et les rayons les plus réfrangibles du spectre.

Dans tous les cas, un examen spectroscopique préalable nous faisait connaître les rayons absorbés par les écrans que nous utilisions.

Nous avons essayé d'obtenir les rayons jaunes en plongeant du chlorure de sodium fondu dans la flamme du brûleur du saccharimètre de Laurent. Mais ces rayons avaient une faible intensité ; aussi n'avons-nous pas persévéré à étudier l'influence qu'ils pourraient exercer sur nos cultures.

Puisque nous voulions connaître l'influence de la lumière, il fallait que toutes les conditions de l'expérience, même l'éclairage, fussent aussi semblables que possible.

Pour cela, les cultures ont été faites dans des matras de même forme et de même capacité, chargés d'une égale quantité de bouillon incolore. En outre, comme nous devions toujours procéder par comparaisons, deux matras étaient mis en culture simultanément dans des compartiments isolés d'une étuve. Nous avions choisi une étuve de Gay-Lussac, divisée par une planchette verticale en deux compartiments distincts, la porte pleine métallique avait été remplacée par une porte vitrée ; des bourrelets de coton cardé interposés entre la porte et la cloison, achevaient d'isoler les compartiments et empêchaient toute filtration des rayons lumineux, aux bords de la cloison. Les compartiments étaient tapissés de papier blanc.

Avant de commencer des cultures dans une étuve disposée ainsi, il faut s'assurer que la température est uniforme dans les deux loges. Le voisinage d'un mur, d'une porte, d'une fenêtre, peut abaisser la température d'un compartiment ; inversement, la proximité d'un poêle, d'un calorifère, en hiver, d'une fenêtre qui admet les rayons du soleil, en été, peut élever la température dans une partie de l'étuve.

Nous avons rétabli l'équilibre en appliquant du papier noir ou blanc sur les parois du compartiment dont la température était trop faible.

Enfin, il faut veiller à ce que la distribution des flammes du brûleur au-dessous de l'étuve, une fois bien établie pour une température donnée, ne change plus ; autrement on devrait recommencer les tâtonnements de la première heure.

Nous insistons longuement sur ce mince détail de technique, parce que sa méconnaissance conduirait à des erreurs fâcheuses.

§ I. — *Influence de la lumière blanche sur la végétation du Bacillus anthracis.* — La pratique journalière apprend que les cultures de ce microbe réussissent très bien à la lumière diffuse et à l'obscurité. Qu'arriverait-il si l'on augmentait l'intensité de l'éclairage ?

Si, à l'aide du procédé sus-indiqué, on éclaire vivement un bouillon de culture fraîchement ensemencé, on s'aperçoit que la lumière retarde la végétation du mycélium. Trente-six heures après le début d'une expérience, si l'on compare une culture faite sous la lumière du gaz à une culture faite dans l'obscurité, on constate des différences à l'œil nu et surtout au microscope.

A l'œil nu, on remarque un trouble moins abondant du bouillon vivement éclairé.

Au microscope, on trouve dans ce bouillon de longs filament mycéliques, libres et pauvres en spores, tandis que dans le ballon maintenu à l'obscurité, l'examen révèle la présence de mycélium déjà fragmenté et chargé de spores.

L'évolution du mycélium et le développement des spores marchent donc plus vite à l'obscurité.

La différence est plus accusée quand on féconde les cultures avec du mycélium que lorsqu'on la féconde avec des spores.

Mais elle devient surtout très manifeste lorsque la température à laquelle se fait la culture est dysgénésique, c'est-à-dire peu favorable à la multiplication des bacilles. En élevant la température à un degré voisin de celui où s'arrête la végétation du bacille, la vie est comme suspendue dans le matras soumis à la lumière blanche, tandis qu'elle apparaît dans le matras placé dans l'obscurité.

La vie est simplement suspendue et non supprimée, car il suffit d'intercepter les rayons lumineux qui frappent le matras pour que la végétation s'établisse à son intérieur.

En résumé, la lumière du gaz dirigée sans discontinuité sur des cultures du *Bacillus anthracis* dans un milieu liquide et transparent gêne légèrement l'évolution du microbe. Cette propriété s'exerce d'une manière insignifiante lorsque toutes les autres conditions sont favorables au développement de cet organisme. Elle est néanmoins réelle, puisqu'elle est évidente si la température ambiante devient dysgénésique.

§ II. — *Influence des rayons colorés sur la végétation du Bacillus anthracis.* — On a dit précédemment que cette étude a porté seulement sur l'influence des rayons extrêmes du spectre, les rayons calorifiques et les rayons actimiques. On a comparé leur influence à celle de deux facteurs connus, l'obscurité et la lumière blanche.

A. — Si l'on fait simultanément une culture dans l'obscurité et une autre dans les rayons rouges obtenus par le passage de la lumière du gaz à travers une solution de coralline, les résultats diffèrent peu l'un de l'autre à l'œil nu. Mais en recourant au microscope, on s'aperçoit que le nombre des spores, leur netteté et leur réfringence sont plus considérables dans la culture exposée aux rayons colorés.

B. — Si l'on compare l'influence de la lumière blanche à celle de la lumière rouge, *a fortiori* l'avantage appartiendra-t-il à la culture faite sous les rayons rouges. Nous avons pu nous en convaincre sur des cultures en matras et sur des cultures faites sous le microscope, dans la chambre humide de Ranvier.

Ces dernières expériences étaient installées de la manière suivante : En face de deux microscopes, sur la platine desquels sont placées deux cultures de bacilles charbonneux dans des chambres humides, avec rigole d'air, de Ranvier, on dispose une bonne lampe à gaz pour observations microscopiques. Entre la source lumineuse et le miroir, on interpose, au devant d'un microscope, un vase à faces parallèles rempli d'une solution concentrée d'alun, et au devant de l'autre, une solution de coralline. Les observations peuvent se faire à chaque instant. A partir du moment où les spores émettent du mycélium, on s'aperçoit que celui-ci est plus avancé dans son évolution sous les rayons rouges que sous la lumière blanche.

C. — Des cultures en matras ou des cultures dans la chambre humide de Ranvier peuvent être exposées compara-

tivement aux rayons rouges, calorifiques, et aux rayons actiniques situés à droite de la raie F de Fraunhofer.

Or, pendant que le mycélium se présente en nombreux filaments courts et chargés de spores dans les cultures conduites sous les rayons rouges, il est plus rare et ses filaments sont allongés et pauvres en spores dans les cultures faites sous les rayons bleus et violets. Nous avons même constaté sur quelques filaments de ces derniers des articles terminaux renflés en pseudothèques, indices certains de la lenteur de l'évolution du mycélium.

Conséquemment, les rayons actiniques sont moins favorables à la sporulation que les rayons calorifiques.

§ III. — *Influence de l'absorption d'une partie des rayons jaunes et orangés sur la végétation du Bacillus anthracis.* — L'hémoglobine oxygénée absorbe une partie des rayons compris entre les raies D et E de Fraunhofer, c'est-à-dire une partie des rayons les plus éclairants de la lumière du gaz.

Si l'on interpose un écran liquide, formé d'une solution d'hémoglobine dans l'eau distillée, entre la source artificielle de lumière et des cultures en matras, on constate que la végétation du mycélium et la sporulation sont plus actives dans ces cultures que dans celles qui sont faites sous les rayons de la lumière blanche.

D'où l'on peut conclure que la faible action dysgénésique qui appartient à la lumière blanche artificielle dépend principalement de son intensité et des rayons lumineux proprement dits.

§ IV. — *Influence de la lumière blanche et des rayons colorés sur les propriétés pathogènes du Bacillus anthracis.* — Etudiée à ce point de vue, nous devions prendre pour type la virulence des cultures faites dans l'obscurité et rapporter à elle les effets pathogènes des cultures faites sous les rayons de la lumière blanche, sous les rayons actiniques et calorifiques.

Un instant, nous avons cru que l'action prolongée de ces rayons, même pendant plusieurs générations, produirait une modification de ces effets dans un sens, ou dans l'autre. Nous espérions surtout parvenir à atténuer le bacillus anthracis par l'un de ces procédés.

Les résultats n'ont pas répondu à cette attente.

Si l'on inocule comparativement, sur le cobaye, et par injections sous-cutanées, des bacilles cultivés à l'obscurité et des bacilles cultivés à la lumière blanche ou sous les rayons rouges, on n'observe pas de différence entre l'intensité des lésions locales et le moment de l'arrivée de la mort.

Si l'on poursuit la même comparaison entre les bacilles cultivés à l'obscurité et les bacilles cultivés sous les rayons actiniques, on constate, le plus souvent, que les cobayes inoculés avec les seconds meurent plus vite que les autres. Mais nous n'oserions pas donner cette différence comme absolument constante.

Par conséquent, la lumière blanche artificielle fournie par le gaz et ses principaux rayons constituants ne modifient pas sensiblement la virulence du bacillus anthracis.

De même, l'absence ou la présence de la lumière artificielle blanche ou colorée n'impriment pas de différences profondes à la végétation de ce microorganisme. Pourtant, il est indéniable que la lumière blanche exerce une légère action dysgénésique sur les spores et principalement sur le mycélium. Comme celle-ci est supprimée par l'absorption des rayons les plus lumineux du spectre, il était permis de supposer que cette influence dysgénésique, exquissée ici en quelques traits, ressortirait avec netteté en exposant les cultures à l'action des radiations solaires.

ARTICLE II. — INFLUENCE DES RADIATIONS SOLAIRES

Pour entreprendre cette étude dans de bonnes conditions, nous avons choisi une période de l'année où le soleil se montre avec une régularité aussi grande que possible et où la température qui l'accompagne est sensiblement la même, c'est-à-dire la seconde quinzaine de juillet et la première quinzaine d'août.

Elle a porté sur trois points principaux : 1° la végétabilité des spores ; 2° La végétation et la végétabilité du mycélium ; 3° la virulence des cultures du bacillus anthracis.

Avant de commencer la description des expériences qui ont été faites sur ces points, il est indispensable d'indiquer en quelques mots les conditions générales qui furent observées et la valeur des expressions usitées dans le cours de cet article.

Ainsi, on entend par végétabilité des spores ou du mycélium le pouvoir que possèdent les spores ou le mycélium du *Bacillus anthracis* de donner naissance à du mycélium nouveau. On constate qu'elle est modifiée : par la rapidité plus ou moins grande avec laquelle la végétation apparaît au sein des cultures et par l'abondance du trouble qui accompagne l'établissement de toute végétation microbienne.

A propos des conditions communes à toutes ces expériences, nous devons dire que l'on a mis un soin scrupuleux à écarter toutes les causes modificatrices de la végétation des bacilles, autres que les changements apportés dans l'éclairage. Par exemple, les cultures en matras étaient enfermées dans une étuve vitrée, afin que la différence de température soit insignifiante entre le matras ensoleillé et le matras maintenu dans l'obscurité. Les matras étaient choisis de telle sorte qu'ils eussent la même forme et la même capacité. On les chargeait uniformément d'un bouillon clair et aussi incolore que possible.

Enfin, grâce à l'obligeance de notre collègue, M. le professeur Péteaux, nous avons pu opérer dans un local et avec des instruments appropriés au but que nous poursuivions. Le local était exposé au midi. Un héliostat recueillait constamment les rayons solaires et les lançait, dans le laboratoire, sur les matras à culture. Ceux-ci arrivaient directement sur les cultures, ou bien après avoir traversé des écrans liquides chargés d'absorber les rayons calorifiques ou certains rayons colorés.

§ I. — *Influence du soleil sur la végétabilité des spores du Bacillus anthracis.* — Prenons plusieurs ballons chargés de bouillon de veau salé et phosphaté, semons dans chacun une goutte d'une culture achevée où le microscope montre des spores libres et des fragments de mycélium sporulés, portons ensuite un ballon témoin dans le compartiment obscur d'une étuve chauffée à $+$ 36°, les autres dans le compartiment ensoleillé, où ils séjourneront une heure, deux heures, trois heures, etc., après cela, plaçons-les successivement dans le compartiment obscur, puis observons ; nous obtenons les résultats suivants : deux heures d'exposition au soleil du mois de juillet, par une température comprise entre $+$ 35° $+$ 39°, supprime la végétabilité dans ces cultures fraîchement ensemencées. Il s'agit réellement d'une suppression, car aucun des ballons que nous avons ensoleillés au moins pendant deux heures, du 19 au 27 juillet 1885, ne présentait de traces de végétation au bout d'un mois, bien qu'ils eussent été conservés dans une étuve sombre à température eugénésique.

Quand les ballons sont soumis moins de deux heures à l'influence des rayons solaires, la végétabilité n'est pas supprimée, mais simplement ralentie. Dans ce cas, l'influence dysgénésique du soleil est d'autant plus grande que la durée de l'exposition à la lumière se rapproche davantage de deux heures. Ainsi, tandis que des traces de végétation deviennent évidentes dans le matras témoin en huit à neuf heures, elles n'apparaissent qu'après seize à dix-huit heures dans les matras ensoleillés, *au milieu du jour*, pendant une heure; après trente heures, dans les matras ensoleillés une heure et demie, et après trois à quatre jours, dans les matras ensoleillés une heure quarante-cinq minutes.

§ II. — *Quels sont les rayons constituants de la lumière solaire qui agissent le plus efficacement sur la végétabilité des spores du Bacillus anthracis?* — Les radiations solaires atteignent donc profondément la végétabilité des spores du *Bacillus anthracis,* puisqu'il suffit d'exposer des bouillons récemment ensemencés pendant deux heures à ces radiations pour les frapper de stérilité. Cette influence appartient-elle à la lumière solaire tout entière où à certains rayons constituants ? C'est une question intéressante dont nous avons cherché la solution.

On arrive aisément à se convaincre que cette influence n'appartient pas aux rayons calorifiques ou actiniques. Que l'on place entre l'héliostat et la porte vitrée de l'étuve un flacon à faces parallèles plein d'une solution qui n'admet que les rayons rouges ou les rayons actiniques du spectre, on verra les matras éclairés de cette manière se troubler à peu près autant et aussi vite que les matras plongés dans l'obscurité.

Cette expérience peut être faite plus simplement. Il suffit d'enfermer le bouillon ensemencé avec des spores dans une série de tubes Pasteur, d'immerger ceux-ci sous des solutions colorées contenues elles-mêmes dans des vases transparents, comme des vases à fœtus, et d'exposer directement au soleil. Si les vases reçoivent les rayons solaires pendant une journée, la culture commence quelquefois à leur intérieur; dans tous les cas, elle se poursuit normalement, quand les tubes sont portés à l'étuve sombre.

Serait-elle donc l'apanage des rayons lumineux du spectre? On serait tenté de le croire par voie d'exclusion; mais si l'on entreprend une démonstration directe, on est bientôt désabusé.

Il est difficile de faire l'expérience nécessaire à cette démons - tration, autrement qu'en employant les rayons fournis directement par la décomposition de la lumière solaire à l'aide du prisme.

Pour cela, nous avons transformé un laboratoire en étuve sombre, en fermant les ouvertures avec des écrans opaques et en échauffant l'atmosphère jusqu'à + 35°. A travers une ouverture ménagée dans le volet d'une fenêtre exposée au midi, pénétrait un faisceau de lumière solaire recueilli par l'héliostat. Ce faisceau était dirigé sur l'arête d'un prisme, de manière à obtenir au delà un spectre fort étalé. Il devenait alors facile de suspendre un tube Pasteur dans chacune des couleurs du spectre.

Ce dispositif réalisé, nous avons réparti du bouillon fécondé avec des spores dans sept tubes Pasteur stérilisés, puis nous les avons exposés séparément pendant quatre heures, de onze heures du matin à trois heures du soir, dans les sept teintes du spectre. Au bout de ce temps, les tubes furent transportés dans l'étuve sombre à température eugénésique. Le lendemain, tous offraient des indices de culture et il était à peu près impossible de dire si le développement était moins avancé ou moins abon-- dant dans les tubes exposés aux rayons orangés et jaunes que dans les tubes soumis aux rayons calorifiques et actiniques. Au contraire, le tube exposé au soleil pendant le même temps, à titre de témoin, était absolument stérile.

Conséquemment, il ne semble pas que l'action suspensive ou destructive de la végétabilité des spores du *Bacillus anthracis* appartienne à quelques-uns seulement des rayons du spectre

solaire. Cette propriété est l'apanage de la lumière solaire complète.

§ III. — *L'influence de la lumière solaire est en rapport
avec son intensité.* — En effet, si les rayons solaires traversent
une couche d'eau distillée de deux centimètres d'épaisseur, la
semence qui les reçoit se développe à peu près aussi bien que
dans l'obscurité ou derrière un écran coloré rouge ou bleu.

Nous avons fait l'expérience plusieurs fois de la manière
suivante : deux ballons sont fécondés avec des spores identiques.
L'un est placé dans le compartiment obscur de l'étuve; l'autre
dans le compartiment dont la porte est vitrée. Sur le trajet du
faisceau lumineux réfléchi par l'héliostat, on interpose un flacon
en verre à faces parallèles rempli d'eau distillée. Les cultures
sont maintenues dans ces conditions pendant plus de deux
heures. Puis on porte le matras exposé jusque-là aux rayons
solaires dans le compartiment sombre de l'étuve. Le lendemain
matin, le bouillon est presque également troublé dans les deux
matras.

Il suffit donc d'interposer un écran transparent, mais qui absorbe une certaine quantité de lumière, entre l'héliostat et la
culture pour supprimer l'action destructive que le soleil exerce
sur la végétabilité des spores du *Bacillus anthracis.*

On peut supposer qu'en faisant diminuer graduellement
l'épaisseur de cet écran, on parviendrait à diminuer peu à peu
l'effet qu'il produit, c'est-à-dire que l'on assisterait d'abord à un
simple retard, puis à une suppression complète de la végétation.

Tous les écrans transparents ne se comportent pas comme
les écrans d'eau distillée. Ainsi, dans trois expériences que nous
avons faites avec une solution concentrée d'alun, nous avons
obtenu deux fois une suppression complète de la végétabilité et
une fois un retard de quarante-huit heures dans l'apparition
du développement des spores en mycélium.

On se demandera, sans doute, avec curiosité, la cause qui entraîne une différence entre l'action de l'écran d'eau distillée et celle de l'écran de la solution d'alun, écrans qui sont, en apparence, aussi transparents l'un que l'autre. On sait que les solutions d'alun retiennent les rayons calorifiques. Mais dans le cas actuel, l'absorption des rayons calorifiques devrait être plutôt favorable que nuisible à la culture, attendu que celle-ci était plongée dans une étuve chauffée entre $+ 38°$ et $+ 39°$, et qu'une élévation notable aurait transformé la température eugénésique en température dysgénésique.

Il est alors permis de supposer que la solution d'alun atténue moins l'intensité de la lumière que l'eau distillée, sous la même épaisseur.

Une semblable hypothèse devait être soumise au contrôle expérimental. Nous choisissons deux flacons à faces parallèles aussi semblables que possible et par la qualité du verre et par l'écartement des faces. Nous en remplissons un avec de l'eau distillée, l'autre avec une solution concentrée d'alun. Sur une face de chacun des flacons, nous appliquons une feuille de papier photographique ; par-dessus, nous disposons une feuille de papier noir absolument opaque ; le papier noir couvre, en outre, deux autres faces parallèles des flacons. Ceux-ci sont exposés à la lumière au même instant et au même lieu, de telle sorte que les rayons lumineux sont obligés de traverser l'eau distillée ou la solution d'alun pour arriver sur la face impressionnable du papier. Si on lave les feuilles de papier pour enlever les sels d'argent en excès et si on fixe a l'hyposulfite de soude, on constate que la réduction est un peu plus forte sur la feuille de papier exposée en arrière de la solution d'alun que sur l'autre. Toutefois, la différence n'est pas considérable.

§ IV. — *Mécanisme de l'action de la lumière du soleil*

sur la végétabilité des spores du Bacillus anthracis. — En général, les spores passent pour opposer une résistance énorme aux causes de destruction. On s'étonnera sans doute de voir celles du *Bacillus anthracis* perdre si rapidement leur végétabilité sous l'influence des rayons solaires.

M. Nocard a supposé, dans une revue critique qu'il a faite à propos de notre communication préalable sur ce sujet (1), queles spores que nous semions dans nos ballons commençaient à végéter, en dépit des rayons solaires, et que le jeune mycélium issu des spores était stérilisé par ces rayons en fort peu de temps.

Nous ne connaissons pas le degré de résistance qu'un mycélium naissant oppose à l'action de la lumière solaire; mais nous avons apprécié celui d'un mycélium âgé de dix-huit à vingt-quatre heures, comme on le verra dans les paragraphes suivants. Or, ce mycélium demande vingt-sept à trente heures d'insolation pour être frappé de stérilité.

On peut objecter, il est vrai, que l'effet de la lumière était considérablement amoindri par le trouble causé dans les bouillons par la végétation dont ils sont le siège.

Aussi ajouterons-nous, qu'*a priori*, il ne semble pas que deux heures suffisent aux spores pour se transformer en mycélium lorsqu'on les sème dans un bouillon dont la température initiale est de 18° environ. De sorte qu'il est infiniment probable que l'action modificatrice de la lumière s'exerce sur la spore même.

Une expérience pourrait résoudre directement cette question. Elle consisterait à exposer du bouillon fraîchement fécondé avec des spores aux rayons du soleil, en ayant soin de le faire reposer sur de la glace, afin de maintenir la température au-dessous de celle qui se prête à leur évolution. Si les spores

____
(1) *Recueil de médecine vétérinaire*, n° du 15 septembre 1885.

ne se développent pas ultérieurement, lorsque les cultures auront été déposées dans une étuve obscure à température eugénésique, c'est qu'elles auront été directement stérilisées par les radiations solaires.

Or, l'état climatérique ne nous a pas permis de faire cette expérience ; mais nous l'avons instituée en nous servant de la lumière électrique.

Toutefois, il a fallu apporter un changement important à la forme des vases à culture. Au lieu de ballons, nous avons adopté de petites éprouvettes aplaties. Le bouillon se présente ici sous une épaisseur qui ne dépasse pas deux à trois millimètres. Dans ces conditions, la lumière électrique agit avec autant et même plus de rapidité que les rayons du soleil. Nous nous sommes assuré que les spores répandues dans un bouillon refroidi par le contact médiat de la glace étaient parfaitement frappées de stérilisation au bout de deux heures d'exposition à la lumière électrique fournie par le charbon.

En résumé, nous avions constaté que la lumière du gaz ralentissait la végétation du *Bacillus anthracis*. Ici, nous venons de démontrer que la lumière du soleil de juillet détruit la végétabilité des spores de ce microorganisme, dans un milieu liquide, en deux heures. Il ne faut pas perdre de vue que le milieu liquide était contenu dans un matras Pasteur dont il occupait à peu près le cinquième de la capacité intérieure ; car, ainsi que l'on s'en convaincra plus tard, l'épaisseur sous laquelle se présente le liquide nutritif modifie directement les effets de l'insolation : plus la couche liquide est mince, plus les effets de l'insolation sont rapides ou prononcés.

Ces faits sont fort instructifs : 1° parce qu'ils renseignent sur la puissance destructive du soleil vis-à-vis certains germes pathogènes ; 2° parce que, en s'ajoutant à d'autres faits déjà connus, ils démontrent que la spore n'est pas aussi résistante qu'on s'est plu à le croire et que les tentatives d'atténuation, que l'on a entreprises ou que l'on voudrait entreprendre sur les virus à cet état, sont parfaitement légitimes.

§ V. — *Influence du soleil sur la végétation du mycélium du Bacillus anthracis.* — Nous avons étudié dans les paragraphes précédents, l'influence du soleil sur la végétabilité des spores du bacille de la fièvre charbonneuse. Passons maintenant à la description des modifications qu'il imprime à la végétation du mycélium, dans des cultures en voie d'évolution.

On a vu que la lumière blanche était la lumière modificatrice par excellence. La germination des spores se fait dans les rayons du spectre pris isolément. Par conséquent, on se contentera d'examiner l'influence de la lumière solaire complète.

Si on fait germer des spores de *Bacillus anthracis* dans une étuve sombre, à température eugénésique, et que, vingt-quatre à trente-six heures après, on transporte les matras, pendant le jour, dans une étuve ensoleillée et pendant la nuit dans une glacière, pour couper court aux progrès du mycélium en dehors des périodes diurnes, on voit que l'évolution des bacilles n'est pas arrêtée immédiatement par l'action des rayons solaires. Ainsi, les filaments mycéliques forment quelques spores, s'ils n'en renfermaient pas au moment où les cultures ont été retirées de l'étuve sombre, ou bien, le nombre des spores augmente notablement dans le mycélium, si les filaments en présentaient déjà quelques-unes. On constate, en outre, que le mycélium se fragmente, que certaines spores deviennent libres ; en un mot, que les cultures continuent leur évolution.

Toutefois, l'évolution s'achève avec lenteur et selon le

mode qu'elle affecte habituellement dans les milieux nutritifs peu favorables. Ainsi, les fragments de bacilles se réunissent souvent en amas irréguliers dans lesquels les spores se forment comme dans des sortes de zoogleæ.

§ VI. — *Influence de la lumière solaire sur la végétabilité du mycélium du Bacillus anthracis.* — Nous venons d'examiner l'influence que le soleil exerce sur l'évolution des cultures ; nous allons maintenant étudier les effets de l'insolation sur la végétabilité, propriété du mycélium de se multiplier dans des milieux nouveaux.

Nous devons dire d'emblée que ces effets sont beaucoup moins rapides que sur les spores fraîchement ensemencées dans un bouillon transparent.

En transportant au soleil des matras Pasteur qui renfermaient des cultures en évolution depuis un ou deux jours, il a fallu vingt-cinq à trente heures d'exposition aux rayons solaires pour détruire la végétabilité du mycélium plus ou moins sporulé qu'elles contenaient. Dans une première série de matras, nous avons vu disparaître cette propriété à la vingt-septième heure; dans une autre série, à la vingt-huitième heure.

Nous rappellerons que ces expériences ont été faites sous le soleil de juillet, quand le thermomètre oscillait, au voisinage des matras, entre $+ 30°$ et $+ 36°$.

La disparition de la végétabilité était constatée à l'aide de la culture ou plutôt de cultures successives que l'on fécondait avec le contenu de la culture ensoleillée. On puisait la semence à un moment de plus en plus éloigné de l'heure où l'on avait commencé à exposer la culture mère au soleil.

Ce procédé a permis de connaître le mode selon lequel la végétabilité se retire des cultures ensoleillées. On a pu voir que celle-ci disparaît graduellement.

La modification se traduit de deux manières :

1° Par le degré de rapidité avec lequel la végétation s'établit dans les cultures d'essai ;

2° Par l'abondance de la végétation.

Or, l'apparition du développement dans les cultures filles se fait attendre de plus en plus, au fur et à mesure que la semence a été de plus en plus ensoleillée. Dans nos bouillons et à la température de notre étuve, une semence normale offrait des indices de culture au bout de dix à douze heures. Une semence ensoleillée quatre et huit heures ne donnait des signes évidents de végétation qu'entre vingt et vingt-quatre heures. Une autre exposée aux rayons solaires quinze et vingt heures ne commençait à évoluer qu'entre trente-six et quarante heures. En outre, plus les cultures évoluaient tardivement, moins elles se troublaient. Si l'on disposait en file la série des cultures d'essai, on pouvait établir, sur le trouble qu'elle présentait, une gamme descendante d'une régularité presque parfaite. Elle aboutissait à un bouillon absolument vierge. Ce dernier correspondait à la semence de laquelle le pouvoir végétatif s'était entièrement retiré.

§ VII. — *La perte de la végétabilité marche de la même manière dans une seule ou dans plusieurs générations successives.* — Les lignes précédentes démontrent que la végétabilité diminue à peu près en raison de la durée de l'exposition de la culture aux rayons du soleil.

La diminution obtenue par un certain temps d'insolation est acquise à une culture. On peut l'augmenter successivement, le lendemain, le surlendemain, jusqu'à disparition de la végétabilité. Pour cela, il suffit d'exposer le ballon au soleil pendant la période diurne et de le déposer à l'étuve pendant les périodes nocturnes.

Bien plus, les résultats acquis partiellement se transmet-

tent aux générations suivantes, pourvu qu'elles se succèdent
à d'assez courts intervalles.

Par exemple, on anéantira, en huit à neuf heures, la végétabilité d'une culture dont la semence a été ensoleillée pendant
vingt-cinq heures.

Une culture de troisième génération, dont les cultures mères
ont été exposées d'abord dix-sept heures, puis neuf heures
au soleil, perdra son pouvoir fécondant à la suite d'une insolation de dix heures.

Ce fait est très intéressant. Il montre, avec netteté, la gra-
dation des effets de l'insolation sur les cultures du *Bacillus
anthracis* et donne immédiatement l'idée de chercher si les
propriétés pathogènes de ces cultures ne subiraient pas des
modifications parallèles, déterminées, et susceptibles de se
conserver par voie de génération.

On sera probablement frappé de la différence implicitement
signalée entre la résistance des spores et celle du mycélium à
l'action des radiations solaires. Il résulte des expériences rap-
portées ci-dessus que, pour supprimer la végétabilité du mycélium, il faut quinze fois plus de temps que pour anéantir celle
des spores au moment de l'ensemencement.

Cette différence tient plus aux conditions dans lesquelles
s'exerçait l'action de la lumière qu'au degré de résistance à cet
agent, des deux états précités du *Bacillus anthracis*.

Lorsque le bouillon vient d'être fécondé avec une goutte
chargée de spores, l'intérieur du matras est d'une transparence
parfaite et l'intensité de la lumière ne subit presque aucune
diminution de la part des couches liquides qu'elle traverse.
Au contraire, lorsqu'on expose au soleil une culture datant de
vingt-quatre à trente-six heures, les rayons pénètrent difficile-
ment dans tous les points du bouillon, attendu qu'il est troublé ou rendu fortement opalescent par le mycélium qu'il tient
en suspension. Nous avons montré que cette interprétation

était fondée en faisant agir la lumière électrique sur des cultures plus ou moins riches ou en couches plus ou moins épaisses. Nous reviendrons sur ce point dans un travail ultérieur.

§ VIII. — *Influence du soleil sur la virulence des cultures du Bacillus anthracis.* — Quoi qu'il en soit, nous nous sommes appliqué à déterminer la modification que le soleil peut imprimer à *la virulence* des cultures faites dans les matras Pasteur, cultures qui offrent, à peu de chose près, la même opalescence, quand elles ont le même âge.

Nous avons vu, au paragraphe précédent, que si l'on expose au soleil une culture datant de vingt-quatre à trente-six heures et qu'on prélève une goutte, toutes les quatre à cinq heures, pour la déposer dans des ballons vierges, on constate un retard croissant dans le début de l'évolution des cultures filles et une diminution graduelle de la récolte.

Si on divise, chaque fois, la quantité prélevée en deux parties, dont une est inoculée à deux cobayes, on conduit simultanément une double série d'expériences fort intéressantes.

Pendant que les matras se troublent de moins en moins et font attendre de plus en plus les premières traces de végétation, les cobayes succombent d'abord au charbon dans les délais habituels, puis meurent plus tardivemement, enfin, résistent à l'inoculation. Dans ce dernier cas, les survivants ont acquis une immunité plus ou moins forte.

Indiquée sous cette forme générale, ce fait très important ne pourrait servir de base à des tentatives régulières d'atténuation du virus. Il faut donc en préciser les conditions et entrer dans quelques détails.

Si l'on veut faire agir le soleil sur du mycélium dans le but d'atténuer sa virulence, il faut prendre des cultures d'une richesse moyenne, ou bien les étendre avec du bouillon ou de l'eau stérilisée si elles sont trop abondantes. Le liquide virulent est déposé dans des matras Pasteur sur une épaisseur qui n'excède pas un centimètre.

Les matras sont exposés directement au soleil, en ayant soin que l'air circule tout autour et que les corps du voisinage ne réfléchissent pas sur eux des rayons qui seraient capables d'élever trop notablement leur température intérieure. Quand le soleil est voilé par un nuage, pendant l'opération, il faut tenir compte du temps durant lequel les matras sont restés soustraits aux radiations lumineuses. Lorsque le soleil se couche, on transporte les matras à l'étuve, et on recommence l'opération le lendemain vers neuf heures, en été, c'est-à-dire au moment où les rayons deviennent ardents.

En se conformant à ces indications, on obtient les résultats ci-après : jusqu'à la dix-neuvième heure d'insolation, les cultures donnent la mort à tous les cobayes qui en reçoivent une goutte dans le tissu conjonctif sous-cutané. A la vingtième heure, le mycélium ne tue plus qu'un cobaye sur deux ; semé dans un excellent bouillon, il ne commence à végéter qu'au bout de quarante-huit heures. A la vingt-cinquième heure, le mycélium est encore capable de végéter, mais il ne tue plus les cobayes auxquels on l'inocule. Enfin, à la vingt-huitième heure, sa végétabilité a disparu.

Si on éprouve les cobayes survivants, huit jours après l'inoculation du mycélium ensoleillé, on constate que les cobayes inoculés avec le mycélium ensoleillé pendant vingt et vingt-cinq heures résistent à l'insertion d'un virus très actif, tandis que les cobayes inoculés avec le mycélium ensoleillé pendant vingt-huit heures succombent dans les délais ordinaires.

La virulence du mycélium disparaît donc en même temps que la végétabilité. Mais, avant sa disparition, elle subit une diminution parallèle à la perte graduelle de la végétabilité. De sorte que, après vingt à vingt-cinq heures d'insolation, le mycélium présente une virulence convenable pour conférer l'immunité.

Il est inutile de dire que les rayons colorés qui modifient à peine la végétabilité et la végétation n'atténuent pas la virulence des cultures.

Quant au mycélium qui procède de spores ensoleillées pendant un laps de temps insuffisant pour leur enlever le pouvoir végétatif, il nous a paru doué d'une grande virulence.

On juge, par ces résultats, de la simplicité avec laquelle on pourra préparer des vaccins charbonneux pendant la saison d'été.

Une étude sur la persistance de l'atténuation obtenue par l'action du soleil et sur sa transmissibilité possible par voie de génération compléterait heureusement ce travail. Il devrait posséder un chapitre sur l'influence de la lumière sur des spores ou du mycélium desséchés, sur du sang charbonneux frais ou sec. Enfin, il devrait être suivi d'une étude sur les effets de la lumière électrique. Nous poursuivons les expériences qui permettront de donner ces compléments au présent mémoire.

CONCLUSIONS

Actuellement, les principales conclusions suivantes se dégagent de notre travail :

1° La lumière du gaz nuit légèrement à la végétation du *Bacillus anthracis*.

2° Le soleil de l'été supprime rapidement la végétabilité des spores si ses rayons pénètrent facilement dans le milieu liquide qui les tient en suspension.

3° Le soleil de l'été diminue graduellement la végétabilité du mycélium et peut transformer les cultures en une série de vaccins, aussi sûrement que la chaleur.

4° Ces effets sont obtenus avec la lumière complète et non par l'un quelconque de ses rayons constituants.

5° Ils sont en raison de l'intensité des rayons et de la transparence des milieux.

6° La lumière est un agent biologique très important dans la vie des infiniments petits.

7° La lumière est probablement un facteur de l'atténuation de plusieurs virus, sinon de tous les virus.